AF363645

NOUVELLE

DISSERTATION

SUR LE TRAVAIL

DES MINES D'OR ET D'ARGENT

EN FRANCE.

1712.

Pourquoi de l'Ocean courir les vastes bords ;   En Métaux precieux autrefois si feconde,
France, ne trouvez-vô. de l'Or qu'au nouveau Monde !   N'avez-vous pas toûjours vos immenses Tresors.

NOUVELLE
DISSERTATION
SUR LE TRAVAIL
DES MINES D'OR ET D'ARGENT
EN FRANCE.

NOS premieres Diſſertations, & nos Epreuves de l'Année derniere chés des Fondeurs de Paris, qui Nous trompérent, ont fait trop de bruit pour ne pas faire connoître aujourd'hui ce qui s'eſt paſſé au ſujet d'une Affaire, que l'on traite de *Viſion* & de *Chimére.*

Nos lumiéres ſur ce qui s'apelle *Pierres Métalliques,* Nous ont engagé depuis neuf Années à ſuivre en *Limoſin,* & dans les *Pirennées* pluſieurs Travaux, dont la France auroit profité dès les premiers jours, ſans l'ignorance de quelques *Anglois, Irlandois, Napolitains, Eſpagnols,* & *François* que Nous avions crû devoir apeller les uns après les autres à notre ſecours pour la fonte, que nous n'entendions en aucune façon, *l'Homme ne pouvant pas tout ſavoir.*

Malgré l'incapacité de tous ces Ouvriers, toûjours

frapés du *vrai* de notre Travail, Nous avions réfolu de
paffer nous-même en *Hongrie*, dans cette préfente Année 1712. n'aïant aucunes nouvelles d'un *Efpagnol*, que
Nous fîmes paffer il y a deux ans, avec deux mille Ecus,
au Méxique, pour Nous en amener des Ouvriers.

En attendant le tems de notre départ, Nous recom-
mençâmes les Epreuves de nos differentes Matieres, dans
notre Maifon, avec un feul Domeftique, pour n'être
plus expofés à la mauvaife foy & à l'ignorance de tous
ces Fondeurs. Nous avons feulement apellé avec Nous
un Particulier de Paris, affés au fait de l'Art Métalli-
que, & le feul qui en ait quelque véritable teinture.

Nous travaillâmes feuls tous les trois pendant les mois
de Janvier, & Février derniers ; mais fans aucun fuccès,
parce que Nous fuivions dans nos Epreuves ce célébre
Auteur BARBA du *Potofi*, qui n'a jamais été au fait des
Métaux d'Or, & qui n'a traité que des Mines d'Argent.

Au mois de Mars, après nous être attaché à fuivre les
Pratiques de Hongrie, Nous fûmes enfin affés heureux
pour voir le fruit de tant de travaux & de dépenfes.

Nos premieres Epreuves, toûjours fixes pour l'Efpece
d'Or tres-fin & tres-beau, Nous aïant donc heureufe-
ment reüffi, Nous prîmes la réfolution de les répéter
deux fois le jour, pour arriver à la perfection que Nous
cherchions, & Nous y ferions infailliblement arrivés à
préfent, fans une Affaire particuliere, qui Nous furvint
dans le mois d'Avril, dont il n'eft pas ici queftion.

Ce que Nous avons de ces premieres Epreuves eft un
garand du *vrai* du Métal d'Or dans le Roïaume de France. Elles fe peuvent réïterer toutes les vingt-quatre heures, à la vûë de tout le Monde, & quoique le produit
des Mines d'Argent, qui fe trouvent auffi fur nos Ter-

res, se soit trouvé par nos Essais plus fort qu'aux Indes, Nous n'en parlerons pas présentement, parce que les Anciens qui ont travaillé dans nos Pirennées, se sont uniquement apliqués aux Mines d'Or. Suivons leurs traces.

Mais avant que d'entrer en matiere, réfutons deux difficultés & deux objections, que l'on Nous fait tous les jours.

PREMIERE OBJECTION.

Point de Mines d'Or & d'Argent en France. Le Climat n'y est pas propre. Il y est trop froid.

RÉPONSE.

Nous avons déja répondu à cette Objection, & Nous l'avons réfutée dans quelques Dissertations, que Nous donnâmes au Public il y a quelque tems. *Aux choses de fait, il ne doit point y avoir de contestation.* Travaux existans de tous côtés, Vestiges de Fourneaux, Bâtimens & Fonderies, Histoires reputées pour vraïes, enfin Epreuves qui se peuvent répéter publiquement toutes les vingt-quatre heures, tout cela, dis-je, doit suffire pour Réponse à cette premiere Objection.

SECONDE OBJECTION.

S'il estoit vray qu'il y eût eû des Mines d'Or & d'Argent en France, travaillées autrefois, il faudroit qu'elles eussent été abandonnées, faute de produits suffisans pour remplir la dépense. En tout cas, ce sont là des Travaux Roïaux, dans lesquels il ne convient à aucuns Particuliers de s'engager.

REPONSE.

Si Dieu nous a donné l'abondance de ce Métal, pareille à celle dont il a favorisé les autres Nations du monde, pourquoi nous plaindre?

Si ces Nations travaillent comme leurs Auteurs nous enseignent, sur des produits de trois onces d'Or, & quatre onces d'Argent par Quintal de matiere, Elles à qui les travaux coûtent beaucoup plus qu'à nous, pourquoi ne voulons-nous pas travailler?

Ces Travaux chés Elles ne sont point Roïaux, On y cultive ces espéces de Terres, comme nous cultivons ici les nôtres en blés & en vignes; Et c'est ce Travail ainsi répandu parmi les Sujets, qui fait la puissance & la richesse de leurs Souverains.

Nous n'en dirons pas davantage, parce que le Mémoire instructif, qui suit, va faire connoître l'utilité du travail, dont le détail ne convient pas à tout le monde, & justifier les difficultés que Nous avons enfin surmontées dans le cours de nos Recherches.

MEMOIRE INSTRUCTIF

Pour le travail des Mines d'Or & d'Argent reconnuës en France; & ce travail renfermé dans dix-huit MANOEUVRES, jusqu'à present ignorées, & cependant absolument necessaires.

PREMIERE MANOEUVRE.

Tirage de la Pierre Minérale.

Il faudra faire, autant qu'on le pourra, un prix à forfait avec Ouvriers ou Entrepreneurs, qui fourniront,

Savoir,

Outils de toutes sortes.
Poudres.
Luminaires.
Charpentes.
Epuisemens des eaux, &
Ouvriers de tous genres.

Le tout estimé pour Cent pesant de Pierres Minérales, sorties hors de la Miniere, avec tous les Décombres, pour rendre le Travail net 5 *liv.*

DEUXIEME MANOEUVRE.

Transport de la Pierre aux Ouvroirs.

Les Ouvriers ci-dessus transporteront les Matieres, qu'ils auront eu soin de faire casser en morceaux, gros comme des œufs seulement, hors des Miniéres, à la porte d'entrée des Ouvroirs, où il sera établi des Loges couvertes, avec des *Poids*, jusques à un *Millier*, pour leur être expedié un *Billet* imprimé de la *quantité*, & sur lequel ils seront payés tous les Dimanches. Cette Mine sera de là transportée par Charois, Chevaux, Mulets, ou Bouriques, suivant les lieux, aux Ouvroirs des *Pilons*. Ce qui pourra coûter du fort au foible le *Cent* 1 l. 10 s.

TROISIEME MANOEUVRE.

Premier Calcinage.

Dans ces mêmes endroits, il sera construit des Fourneaux tout de briques, voûtés à jour par le milieu, pour calciner à la fois deux mille Quintaux, pendant le nom-

bre de jours qui conviendra, par raport à la néceſſité de
la Mine ; car les unes veulent être calcinées vingt-qua_
tre heures, & les autres deux ou trois fois le même eſ_
pace de tems. Le *Cent*   15 liv.

QUATRIEME MANOEUVRE,

Pilage.

La Mine étant calcinée, elle ſera tranſportée dans les
Mortiers de fer, qui ſeront établis avec *Pilons*, pour y
être pilée, menuë comme grains de blé. Le *Cent* 6 liv.

CINQUIEME MANOEUVRE.

Moulage.

Sur ces mêmes Eaux, pour éviter le tranſport, il faut
établir des *Moulins*, les plus grands que faire ſe pourra,
de pierres dures, & cerclées de fer, pour y faire mou-
dre les Matieres en ſortant du *Pilage*, & les réduire en
farines tres-fines, qui ſeront enſuite paſſées dans un *Ta_*
mis de fil de léton tres-fin, après avoir été bien ſéchées
auparavant. Le *Cent*   6 livres.

SIXIEME MANOEUVRE.

Premier Lavage.

On doit encore établir ſur les mêmes Eaux douze
Lavoirs, les uns ſous les autres, avec chute de deux
pouces, dans des *Tonneaux*, reliez avec cercles de fer
                                                             par

par les deux bouts, garnis chacun de trois *Robinets* de cuivre, dont il y en aura un tout au fond, pour faire couler, toutes les vingt-quatre heures, les Matieres les plus pesantes, les plus fines, & vraiment minerales. Ce que Nous apellons RAMENTUM; c'est-à-dire, en terme de MINEUR, *Extraits*, *Précis*, ou *Assemblages* des seules Matieres *métaliques*, épurées de tous *terrestres*. Le second Robinet doit être mis à six pouces du fond, pour écouler de tems en tems les Eaux grossieres, chargées encore de Métal; & le troisiéme à douze pouces du fond, demeurant toûjours ouvert, pour l'écoulement des premieres Eaux. Ces Tonneaux doivent avoir chacun trois piés de diamettre, & dix-huit pouces de hauteur. On mettra dans chacun un *Tourniquet* de Buis, cerclé de fer, à quatre faces en croix, qui tournera continuellement par des Rouës à manivelles & à Eaux. Le *Cent*   6 livres.

SEPTIE'ME MANOEUVRE.

Second Calcinage.

Toutes ces Matieres, sortant de ces premiers Lavoirs, seront transportées dans de grands Fourneaux à *Reverbére*, bâtis de Briques, où elles seront calcinées en poudre, de l'épaisseur de trois ou quatre doits, l'espace de tems ou heures convenables à la nature des Mines, & remuées pendant tout le tems de la calcination, avec des *Rabots* de fer, *Mêlanges de Sels*, *Souffres*, *Escories* de fer , *Limailles*, ou *Ecailles* de fer , *Limailles* ou *Ecailles* de *Cuivre*, ou autres ingrediens convenables aux maladies des Métaux. Cette Manœuvre

B

eſt de la derniere conſequence. Le *Cent*   6 livres.

HUITIE'ME MANOEUVRE.

Second Lavage.

Ces Matieres étant ainſi bien préparées, elles ſeront tranſportées dans de grands *Mortiers* de fer, établis les uns ſur les autres, comme les Tonneaux dont nous venons de parler, avec des Tourniquets de fer, auſſi en croix, mais grands, gros, & peſans; leſquels en tournant ſans ceſſe, repileront toûjours les Matieres, en les relevant, & s'il ſe peut, à Eaux chaudes, avec la même diſpoſition des Robinets. Le *Cent*   6 livres.

NEUVIE'ME MANOEUVRE.

Troiſiéme & dernier Calcinage.

Ces Matieres reſtant pures & nettes par ce dernier Calcinage, s'appellent RAMENTUM. Elles ſeront miſes dans des *Chaudieres* de fer, tres-fines, poſées ſur des Fourneaux à *Reverbére*, qui auront des Tourniquets légers, ſeulement pour pouvoir les bien ſécher de tous côtés, afin qu'elles ſortent rouges & changées de couleur. Le *Cent*   6. livres.

Pour faux-frais de Commis, Ambulans, Extraordinaires, Surnuméraires, Etabliſſement des choſes néceſſaires à ces neuf premieres Matieres. Le *Cent* 2 livres 10. ſols.

Total.

Toutes ces Matieres ſortant ainſi nettes, bien épurées

& bien lavées , reviendront par Quintal de Pierre minérale, fortant du fein de la Terre, à la fomme de 60
livres.

'Par toutes les Epreuves que nous avons faites, Nous
avons reconnu que le Quintal de Pierre minérale, ainfi
bien préparé, doit fe trouver reduit à la feule quantit
de *trois livres* pefant de Matiere vraiment métaliqu
Cependant il y a des Mines qui en donnent beaucoup
davantage.

Ces trois livres de Matiere , extraites d'un Quintal
de Pierre , revenant pour toutes dépenfes à la fomme de
60 liv. la Livre de RAMENTUM, ne revient qu'à 20 liv.

Par nos épreuves faites & réiterées fur ce RA M E N-
TUM , Nous avons toûjours trouvé que la livre nous a
rendu d'Or fin , fur le pié de *deux Onces*, & par confe-
quent de *fix Onces* par Quintal de Pierre minérale.

Tous nos Auteurs des Indes, de Hongrie, & d'Alle-
magne affûrent que chés eux la plus riche Mine d'Or
ne donne gueres que *trois Onces*. Et c'eft à cette quantité feulement que nous voulons nous réduire, pour
fonder fûrement nos projets ; car s'ils peuvent fe foute-
nir à *trois Onces* d'Or par Quintal, à plus forte raifon
à *fix*.

DIXIEME MANOEUVRE.

Premiere Fonte.

De ce feul point dépend uniquement le *vrai* ou le
faux du Plan que Nous nous faifons ici. Cette verifi-
cation fe peut faire en vingt-quatre heures.

Pour fe faire une idée jufte du détail de cette Affaire, il faut se persuader, & avec fondement, que les Pierres minérales ne manqueront jamais en France, quand on y établiroit dix mille Travaux, si cela étoit nécessaire. Il n'en est pas de même des Bois. Ils ne sont pas abondans aux lieux où les Mines sont fécondes, & c'est peut-être par le manque de bois que les Anciens ont abandonné leurs Travaux. A un inconvénient si grand & si embarassant, il y a pourtant plusieurs expediens, qui rendront toûjours le travail possible. Les Hommes ne manqueront pas non plus; il s'en trouvera autant qu'on en aura besoin pour les Particuliers, dont le plus fort *Atélier* ne peut être au plus que de quatre cent hommes. Mais si les Travaux devenoient Roïaux, à lors le secours des Troupes ne seroit pas difficile. Les Eaux, absolument nécessaires, sont partout en tres-grande abondance.

A l'égard des Ouvriers pour toutes les Manœuvres, nous n'en avons aucuns dans le Roïaume; mais comme Nous nous sommes formés nous-même à ce métier, il Nous sera facile d'en former, qui en formeront d'autres à leur tour. Notre Nation est laborieuse, & elle aime à aprendre les nouveautés, lorsqu'elle espére du fruit de ses travaux.

Il ne nous reste plus qu'à vérifier le *Produit* par la comparaison de la *Dépense*. Car s'il est vrai que nous aïons des Mines en France; mais que les dépenses excédent les produits, & que ce soient des travaux purement Roïaux, hors de la portée des Particuliers, le Public ne peut trouver aucun avantage dans nos découvertes, & Nous sommes dans l'erreur; mais il en est autrement.

Faisons-nous un Plan, pour un Particulier seul, d'un Atélier, bien établi sur une *Miniere* qui lui apartienne, aux termes de la Déclaration du Roi fur ce fujet ; fans quoi on ne peut rifquer aucuns Travaux. Supofons donc cet Atélier, compofé de quatre Fourneaux au plus, dans lequel Nous voulions tirer dans vingt-quatre heures cent Marcs d'Or, femblables aux Epreuves que Nous avons faites.

Nous avons dit que la livre de RAMENTUM doit donner une once d'Or. Que le Quintal de Pierre minérale produifoit trois livres de ce RAMENTUM, dont chaque livre revenoit à 20 liv. parce que les trois livres coûtoient 60 liv. pour leurs neuf Manœuvres ; ce qu'il eft bon de rapeller à la mémoire, en ce que ce calcul eft comme la bafe de tout cet Edifice.

Il Nous faudra donc pour notre Atélier de cent Marcs d'Or en vingt-quatre heures *huit cent livres* de RAMEN_TUM, qui fera le produit de *deux cent foixante-fix Quintaux* de Pierres minérales, & ces huit cent livres de RAMENTUM à 20 liv. la livre, montent à 16000 liv.

Cette premiere fonte fe peut faire dans des Fourneaux à vent, en *Creufets* de fer, femblables à ceux des Monnoïes : Fourneaux à manches & foufflets, femblables à ceux des Indes & de Hongrie ; ou Fourneaux à Reverbére, comme ceux dont les Anciens fe fervoient, & qui éxiftent actuellement dans leurs Travaux.

C'eft un abus de vouloir fondre les Métaux nobles, fans les *Fondans* convenables à leur nature & maladies, tres-fouvent grandes & embaraffantes. En vain voudroit-on donner des Mémoires fur ces Fondans, & les bien expliquer. Cela dépend de la maladie du Métal ; d'ailleurs c'eft le fecret de l'Artifte, qu'il eft jufte qu'il referve pour lui. En général, cette dépenfe fur cent Marcs d'Or fe monte à 300 livres.

Pour dépenſes de Fourneaux , Bâtimens , & Uſtanciles
de toutes ſortes ,   100 liv.

Pour bois & charbon en vingt-quatre heures , eu égard
à leur rareté ,   300 liv.

Pour huit Fondeurs, à   4 l. *par jour* , 32 l. ⎫
  Trente-deux Garçons, à 2 l.   64 l. ⎬ 108 liv.
  Quatre Inſpecteurs, à   3 l.   12 l. ⎭

ONZIEME MANOEUVRE.

Deuxiéme Fonte.

La premiere Fonte ſe fait avec les Fondans, pendant
cinq ou ſix heures, ſans diſcontinuation , & toûjours à
grand feu , la matiere de Mine & ſes Fondans devant
être réduits en eau coulante, On la laiſſe refroidir ; on
la repile ; on la paſſe au *Tamis* de fer, & on la lave dans
des eaux chaudes, mais avec la précaution de ne rien
perdre , & ce qui reſte après le Lavage , ſe ſéche bien ,
& ſe refond dans un *Bain d'Argent de Départ* , dans la
proportion de trois parties d'Argent ſur une d'Or. C'eſt
à dire que ſi vous tirés cent Marcs d'Or de votre premiere fonte , votre Bain d'Argent dans cette ſeconde
fonte, doit être de trois cent Marcs. Mais comme cela
ne ſe peut faire ſans déchet, Nous l'eſtimerons à 20 pour
Cent , faiſant ſoixante Marcs ſur les trois cent, leſquels,
comme Argent de Départ à 40 liv. ſe montent à 2400 l.

Pour bois & charbon , les Ouvriers étant les mêmes
que ceux de la premiere fonte ,   100 liv.

DOUZIEME MANOEUVRE.

Troisiéme Fonte.

Ces quatre cent Marcs de Matieres d'Or & d'Argent
ne pouvant passer au *Départ*, sans avoir passé à la *Coupéle*, il les faut refondre une troisiéme fois avec le *Plomb*
pour le passer à la *Coupéle*; car il n'est point de Métaux
nobles, qui sortant de la premiere fonte, ne tiennent un
peu de fer, de cuivre, ou d'autres matieres étrangeres
& impures, qui ne peuvent être séparées & évaporées
que par la Coupéle. L'usage le plus commun pour cette
opération, est de deux parties de plomb sur une de matiere de Coupéle, dans des Fourneaux à Reverbére. Cependant à cause du *Cuivre*, presque inséparable des Mines d'Or, nous compterons dix portions de plomb,
sur une de matiere; de sorte qu'il faut quatre mille
Marcs de plomb pour quatre cent Marcs de matiere,
faisant vingt Quintaux, qui à 20 liv. le *Cent* pesant,
comme si on le devoit toûjours tirer d'Angleterre, ce
qui ne sera pas dans la suite, y en ayant beaucoup en
France, monte à la somme de   400 livres.
Pour bois & charbon,   100 livres.

TREZIEME MANOEUVRE.

Affinage.

Cette Manœuvre est une des plus nécessaires pour
porter au Départ les Matieres bien épurées. Elle ne se
peut faire que dans des Fourneaux à Reverbére. Il faut

pour cette Manœuvre des Ouvriers experts, & qui
n'ayent point d'autres fonctions.

Pour Uſtanciles, Etabliſſemens, & Fourneaux. 100. l.
Pour quatre Affineurs à 6 l. *par jour*, 24 l.   }
Pour douze Garçons à   2 l.   24 l. } 48 liv.
Pour bois & charbon.   300 liv.

QUATORZIEME MANOEUVRE.

Préparation au Départ.

Les Matieres ſortant bien épurées de la Coupéle, ne
ſe peuvent mettre au Départ, qu'elles n'aïent été rédui-
tes & converties en *Dragées*, auſſi menuës que le plomb
à Moineau, ou batuës en lames minces comme du pa-
pier, miſes en rouleaux comme des cornets, qui ſeront
bien recuits, ce qui ſe fait par les Ouvriers cy-deſſus, &
nous compterons pour bois & Uſtanciles ſeulement 130 l,

QUINZIEME MANOEUVRE.

Départ.

Peut-être pourra-t'on trouver des moïens de ſéparer
par le feu, ainſi que les Auteurs nous l'aprennent ; mais
en attendant, comme nous avons l'uſage du *Départ*
avec les Eaux fortes, nous tablerons ici ſur cette dé-
penſe.

L'uſage ordinaire des Départs eſt de deux portions du
poids d'Eau forte ſur une de matiere. Ainſi aïant à dé-
partir quatre cent Marcs, il en faudra huit cent d'Eau-
forte, c'eſt-à-dire quatre cent livres peſant ; & pour ne

se point tromper, on peut pousser cette dépense jusqu'à huit cent liv. au lieu de huit cent Marcs, laquelle Eau-forte estimée à quarante sols la livre, les huit cent liv. se monteront à   1600. l.

Pour six Ouvriers au Départ,   18 l.
     Dix huit Garçons,   36 l.   60 l.
     Deux Inspecteurs,   6 l.   1860 l.
Pour Ustanciles, Fourneaux, & autres,   100 l.
Pour bois & charbon,   100 l.

SEIZIEME MANOEUVRE.

Poudre d'Or.

Cette Poudre se trouve de couleur de *Brique brûlée*. Elle se rassemble en un Vase, où elle se lave avec Eaux chaudes, autant de fois qu'il est necessaire, jusqu'à ce que les Eaux cessent de sortir blanches.

Les Eaux-fortes chargées de l'Argent de Départ, se rassemblent avec les Eaux de Lavage, dans des Vases de *cuivre-rouge pur*, ou on les laisse rasseoir assez longtems pour retirer tout l'Argent qu'elles contiennent, lequel se pose au fond comme *Lies*, ou *Bouës grises*.

Cette Manœuvre demande

Six Ouvriers sûrs & fideles, à   3 l.   18 l.
Deux Inspecteurs, à   3 l.   6 l.
Pour bois & charbon,   100 l.   224 l.
Pour Ustanciles,   100 l.

DIXSEPTIE'ME MANOEUVRE.

Perfection de l'Or.

Cette Poudre mife en état par les *Lavages*, doit être bien féchée dans des *Creufets* de fer, & enfuite fonduë avec *Salpêtre*, ou *Borax*. Ce qui forme une dépenfe de   300 liv.

DIXHUITIE'ME ET DERN. MANOEUVRE.

Tranfport des Matieres aux Hôtels des Monnoies.

Ces Matieres, qui font préfentement l'Or tres-pur, feront tranfportées aux Hôtels des Monnoies, les plus proches des Travaux, pour y être payées par les Directeurs, fuivant le prix courant au tems des livraifons. Ainfi pour frais de voïages,   200 liv.

A tous ces frais, il faut encore ajoûter ceux des gros Etabliffemens, Avances d'argent, Frais de voïages, Directeurs généraux & particuliers, Infpecteurs, Commis, Ouvriers furnuméraires, & cas imprévûs & inévitables, que nous comptons fur chaque Atélier en vingt-quatre heures,   1030 liv.

Total des Dépenfes de chacun ATELIER *en vingt-quatre heures,*   24000 l.

Je ne croi pas que Nous aïons rien oublié pour les Dépenfes. Nous les avons même augmentées, de peur de nous tromper, parce qu'il peut arriver des cas imprévûs, & que ces fortes de Calculs ne doivent jamais fe porter si bas, qu'on puisse s'y méprendre. Venons présentement au Produit.

PRODUIT.

S'il est réellement *vrai* que pour la dépense de 24000 liv. cet Atélier puisse opérer dans vingt-quatre heures *cent Marcs d'Or*, portés aux Hôtels des Monnoies, où il n'en sera païé que *quatre-vingt*, les *vingt* de surplus y devant rester pour les *Droits* du Roi, suivant la Déclaration de Sa Majesté.

Quatre-vingt Marcs d'Or, à quatre cent livres le Marc, Guerre & Paix, qui est le prix commun, se monteront à la somme de   32000 liv.

DEDUCTION.

Au terme de cette Déclaration, il doit être retenu sur chaque Marc d'Or, par les Directeurs des Monnoies,

Savoir,

Pour les Droits de la Chambre Minérale,   16 liv.
Pour les Droits des Hôpitaux,   8 liv.
           Total par Marc,   24 liv.

Cela fait sur quatre-vingt Marcs, dont l'Entrepreneur sera païé aux Hôtels des Monnoies,   1920 liv.
Ainsi cet Entrepreneur ne recevra que   30080 liv.
Sur quoi, sa dépense au plus haut ne montant qu'à   24000 liv.
Il lui restera un profit net en vingt-quatre heures de   6080 liv.
Cet Objet pourra bien engager les Maîtres de Forges

de fer à devenir Maîtres de Forges d'Or. Les premiers Travaux une fois établis, la fonte de l'Or ne se trouvera pas plus difficile que la fonte de fer.

Nous ne faisons aucune attention sur l'Argent que produisent nos Mines, Nous nous attachons uniquement à celles qui tiennent Or, comme les plus riches & les plus considérables, pour suivre en cela les Anciens, qui n'ont établi leurs plus grands Travaux que dans celles qui produisent ce précieux Métal.

OBSERVATIONS PARTICULIERES.

Nombre d'Hommes nécessaires à chaque Atélier.

Aux Tirages des Pierres Minérales,	300.
Aux autres Manœuvres,	100.
Total,	400 hommes.

OBJET POUR LE ROI.

Si chaque Atélier peut donner dans vingt-quatre heures cent Marcs d'Or, le ROI aura de cet Atélier seul par vingt-quatre heures vingt Marcs d'Or, qui en deux cent cinquante jours de travail lui donneront 5000 Marcs d'or.

S'il étoit possible d'établir plusieurs Atéliers sur une seule Miniere, comme il n'en faut point douter, que l'on juge de la vûë de cet Objet pour le ROI.

OBJET POUR LE ROYAUME.

Un Atélier donne par jour au ROI	20 *Marcs d'or.*
Au Particulier qui travaille,	80 *Marcs d'or.*
Total,	100 Marcs d'or.

En deux cent cinquante jours Especes à mettre dans le Roïaume pour un feul Atélier,   25000. Marcs d'or.

REFLEXIONS.

Les premiers Etabliffemens feront tres-difficiles. Ce feroit faire beaucoup, fi dans les premieres années, on pouvoit procurer dans quatre Atéliers, bien établis fur les meilleures Minieres, *cent mille Marcs d'Or*. Les Auteurs nous affurent que les Anciens tiroient chaque année *quarante mille Marcs d'Or*, fans compter l'Argent. Ils n'avoient point l'ufage de la poudre, qui fait plus des trois quarts du travail. Ils nous difent en d'autres endroits que d'un feul Atélier ils tiroient par jour trois cent liv. de douze onces, ce qui fait quatre cent cinquante Marcs. Nous connoiffons le travail; les *Epreuves* que Nous faifons voir préfentement font des matieres de ce *travail*, où Nous avons reconnu la poffibilité de ce qu'ils avancent. Ce feroit pour deux cent cinquante jours de travail cent douze mil cinq cent Marcs, & nous réduifons tous les travaux au feul nombre de cent mil Marcs par an, pour ne pas donner des idées outrées, qui ne feroient qu'augmenter l'étrange prévention dans laquelle on eft de l'impoffibilité de cet Objet.

TROIS SEULS POINTS FIXES.

De tout ce Plan, il refulte trois *Points fixes*, aifez à vérifier, comme nous l'avons dit dans ce Mémoire.

1°. Que les Mines, que Nous avons fait aporter des *Pirennées* & de *Limofin*, tiennent réellement *Or*.

2°. Que par notre Travail il eft vrai que le *Quintal* de

Pierre peut donner *trois onces* de cet Or, bien pur & bien net.

3°. Que par le Plan des dépenses ici bien detaillées, il est clair que tous les Sujets du R o i peuvent travailler utilement à cette Agriculture, si noble & si utile.